やさしくして！

その気持ちが
うれしい

怒らないで

ありがとう

元気出して！

気持ちを
向けて

頑張りすぎないで

信じているよ

大丈夫!

悲しい

苦手

得意

幸せだよ

寂しくないよ

急かさないで

もっと笑って!

不安

安心

伝わっているよ	怒っている
やきもち	天に委ねて
いらない（NO）	いる（YES）

ペットの気持ちがわかる
スピリチュアル・コミュニケーション

江原啓之

はじめに

　動物たちが何を考えているのか、彼らにどう接すれば幸せなのか。ペットを飼っている人は、誰でもそう思うのではないでしょうか。「言葉を話せたらいいのに」と願う人も多いかもしれません。しかし、毎日一緒に暮らしていれば、どこかでこうも思うはず。「うちの子は、私の言うことがわかっている」と。

　かくいう私も、今まさにそう感じているところです。２０１９年12月に出した『婦人公論』増刊『江原啓之が行く！　ペットとスピリチュアルに暮らす』で、「宿命」の出会いがありました。弘法大師・空海が開いた真言密教の聖地・高野山。その聖地と縁が深い神社に〝ご神犬〟がいると聞き、取材に訪れたのです。すると、なんと２日前に、ご神犬が３匹の赤ちゃんを産んだばかりだというではありませんか！　伝説では空海を高野山へと導いた２匹の犬は黒と白だったそうで、その取材で出会ったのが、白い紀州犬の母親から生まれた赤ちゃん。まるで靴下をはいたかのように足先だけ白く、身体は父親譲りの黒い男の子でした。

　裏話になりますが、実はその場で思わず「私にお譲りいただけませんか？」と口にしたほど、強い縁を感じたのです。後からうかがった話では、飼い主さんも私のことを「この人だ！」と思われたそう。日本犬は飼うのが難しいので、犬を飼い慣れた人を探していたということでした。もちろん、ご神犬の赤ちゃんですから、他にも「迎え入れたい」という声はたくさん届いていたことでしょう。ですから、すべては天に委ねて帰路に就いたのです。

そして後日、ご縁が整い、わが家の新しい家族として迎えることになりました。人と人の出会いがそうであるように、動物との縁もまた「宿命」です。しかし、そこからどう関係を築くかは、努力で変えていける「運命」の部分。つまり、幸せにするもしないも、飼い主次第だということです。

このようにして、「宿命」と「運命」の織りなす縁でやってきたのが、表紙に登場した「大我」です。まだ子どもですから甘えたですが、私が〝主〟だと理解していて、私が帰宅すると、「ご主人〜お帰り！」と大喜びで近寄ってきます。動物は言葉を話しません。けれども、このように「言いたいこと」は伝わってきます。普段から密にコミュニケーションを重ねることで、動物からのテレパシーをキャッチしやすくなっていきますから、誰でもたましい同士で交流できます。

愛するペットたちとコミュニケーションがとれるように、しつけや食事といった日常のことから非常時のことも含め、スピリチュアリズムを基にした接し方や心構えをこれから伝えていきたいと思います。また、付録には、別冊でも好評をいただいた「コミュニケーション・カード」をバリエーション豊かにし、さらに深く〝動物たちの声〟を聴けるように工夫しました。

今社会を見渡せば、人間関係の問題で悩んでいる人が大勢います。それがもとで心を病んだり、人と関わることがわずらわしくて引きこもってしまったり……。一方で、ペットを溺愛し、やがて別れが訪れてペットロスに陥り、立ち直れなくなっている人もいます。「人」対「人」、「人」対「動物」。向き合う相手は違えど、"コミュニケーション不全" がもとで、いびつな関係に陥っているケースが多いように感じます。すべては〝映し出し〟ですから、ペットとのコミュニケーションを円滑にとれる人ばかりになれば、人間社会においても、豊かな心の交流が生まれるようになるのではないでしょうか。

この本は、ただのペット本ではありません。愛するペットの声に耳を傾け、心を寄せる過程は、あなたが人と向き合い、コミュニケーションをとるうえでも、大いに役立つものとなるでしょう。愛を与えれば、100パーセントの愛を返してくれる動物たち。彼らに学びながら、私たちもたましいを磨いていきましょう。

ペットは、
「宿命」と「運命」の
織りなすご縁で
やってくるのです

『ペットとスピリチュアルに暮らす』の取材で出会った、
和歌山県にある丹生都比売神社（にうつひめじんじゃ）のご神犬、紀州犬のすずひめ号。
取材当日はなんと赤ちゃんが生まれて3日目でした。3匹生まれたうちの
男の子1匹とご縁があり、わが家に引き取ることになりました。

撮影◎岸隆子（P.6、P.7上）　写真提供◎著者（P.7下）

2019年9月9日に生まれ、11月に和歌山県からわが家に来て約3ヵ月。
すっかり男の子らしくなった「大我」。紀州犬らしく、わんぱくですが、
私が主だということはちゃんと理解しています。

撮影◎中央公論新社写真部

＼ 江原啓之がわが子を撮影 ／

ご神犬の子ども「大我」との暮らし

まだ幼い大我にとって
散歩は冒険。
キョロキョロ、クンクン
好奇心いっぱい！

写真提供◎著者

わんぱく盛りの大我は
遊びもいたずらも本気！
私も愛を込めて
しつけをしています

人が大好きで、
どこにでもついてくる大我。
教えていないのに、最初からトイレが
とても上手にできました。感情表現が豊かなので、
コミュニケーションをとるのが楽しく、
飽きません。

目次

2章

編集協力＊藤岡操
デザイン＊大久保裕文+小渕映理子（Better Days）
本文DTP＊今井明子
撮影＊岸隆子　中央公論新社写真部
写真＊stock. foto
イラスト＊金井淳　北村人　楠のぶお

ペットの気持ちがわかる

スピリチュアル・コミュニケーション

1章
ペットたちのスピリチュアリティ

ペットはいつか「人霊」になるための修行中

家

族として迎え、共に暮らすペットたち。犬や猫、鳥など種は何であれ、〝宿命〟の縁で結ばれてやってきた動物は、あなたの「スピリチュアル・パートナー」です。

ここでペットといえるのは、野生動物ではなく、人間と共に生きる動物たちのこと。人と触れ合う中で愛を学び、たましい（スピリット）を成長させるという課題を持って生まれた動物たちが、スピリチュアルなパートナーとなるのです。

ここでは便宜上「ペット」と呼びますが、私は「愛玩動物」という言い方なども適切ではないと思っています。「飼う」という言葉も、より正確に言うならば、「パートナーとして迎える」のほうがいいでしょう。パートナーアニマルは、人が援助していかなければ、生きていくことはできません。私たちが責任を持ってサポートしていくという考えが、絶対に必要なのです。

人間と動物の関係を見ていくうえで、まず大前提として、たましいがどこまで進化しているかを理解してください。スピリチュアルな視点で見たたましいの進化（＝霊性進化）の道筋は、みなさんが習った「ダーウィンの進化論」とは異なります。スピリチュアルに見た場合、たましいは、鉱物→植物→動物→人霊へと進化向上していくもの。ですから、何度生まれ変わっても、人霊（人間）が動物に後退することはありません。霊的世界をよくわかっていない人は「生まれ変わったら犬になる」などと言いますが、そういうふうに退化はしないのです。人霊は遠い昔、鉱物や植物だったことも動物だったこともあるという意味で、私たちはたましいのうえでは「先輩」にあたります。

このスピリチュアリズムでいう「進化論」の流れを理解すれば、もうおわかりいただけるでしょう。人と共生する動物たちは、いつか人霊になるべく、たましいを磨く〝修行〟をしている過程にあるのです。この話を聞いて、「動物にもたましいがあるんだ」と驚いた方もいるかもしれません。そう、私たち人間と同じように、動物もまたたましいの存在であることに変わりはありません。

人も動物も、死んで肉体がなくなったらそれでおしまいではなく、「たましいの故郷《ふるさと》」に帰り、永遠に生き続けます。ただ、動物が帰るのは「動物の故郷（グループソウル）」で、これは人霊の帰るところとは異なります。動物と人霊は、別のグループソウルに帰ります。

グループソウルの仕組みを頭で理解するのはなかなか難しいので、私はいつも「濁った水の入ったコップ」を例にとって説明しています。人霊で言うと、生まれてくるとき、そのコップから一滴、ぽたりとこぼれ落ちてきたのがあなたです。

そして、一生を通してさまざまな経験を積み、やがて死を迎え、またそのコップに戻ります。あなたが生きている間にどんな経験を積んだかで、コップの水をきれいに浄化できることもあれば、逆によりドロドロに濁らせることもあります。

人間の場合、現世への執着や未練があると、グループソウルに帰るまでにも紆余曲折ありますが、動物の場合は執着もないため、死後、すぐにグループソウルに溶け込みます。人間のような小我（自己愛）がないから、短いスパンで再び現世に来ることもありえます。ただ、今飼っている動物が、そっくりそのままあなたのもとに帰ってくるわけではありません。霊性を向上させるためには、多くの経験を積む必要があるのですから、別の家族のもとで、新しい経験を積むほうが動物のたましいのためになります。

ちなみに、「前世」や「守護霊」と呼ばれるものも、グループソウルの中に存在しています。動物の場合、守護霊となっているのは「自然霊」という存在。この世に一度も姿を持ったことのない霊で、鉱物に宿る鉱物霊や木に宿る木霊などが動物たちを見守っています。動物のたましいにも、かつて自分が鉱物であったり、植物であったりした前世が刻まれていて、いつか人霊になるために、人と接しながら、たましいを向上させようとしているのです。

動物を飼うのは
「たましいのボランティア」

動物は基本「自己保存」の本能を最優先にして生きています。例えば、人間のように、「ランチに何を食べよう？」と思考することはなく、ただ単に「空腹だから食べる」というふうに、本能に従って動いているのです。

それに対し、人霊らしさというのは、「理性」で思考できるところにあります。動物たちは、人と共に暮らすことによって初めて、理性や大我の愛（利他愛）に触れることができるのです。それは、今は本能のみで生きている彼らが、いつか人霊へと進化していくためには欠かせない学びとなります。

動物と共に暮らし、パートナーとして生きること自体、たましいを進化向上させる「ボランティア」をしているようなものだと言えるでしょう。

ただ、人間も全員が全員、理性的に生きられているかというと、そうではありません。例えば、動物を虐待するような人間は、理性よりも「小我」（自己中心的な感情）が勝った状態にあります。動物たちは本能のみで生きていますが、逆に言うと、損得勘定や打算などといった「小我」に振り回されたりはしません。

〝たましいの先輩〟としてボランティアをしていることを意識して、人霊として恥じないよう、大我を持って動物たちに接しなければいけないのです。

動物虐待については後で詳しく述べますが、人からいじめられた経験があると、次にまた動物として生まれたときに人に懐《なつ》けなかったり、その後人霊になっても、人が怖いと感じたりします。私たちは「今」だけを見てはいけないのです。動物たちのたましいが進化する「その先」までも想像して、大我の愛で接してください。

もちろん、野生の動物も例外ではありません。いずれは人霊になることを目指していています。まずは野生の世界で子育てをしたりして、霊性を磨いているのです。例えば、ライオンでも、その群れの〝リーダー〟となっている野生動物のほうが、リーダーシップをとっているという意味では、他のライオンより霊性が高くなっていきます。

野生の動物も、亡くなった後は霊的世界に帰ります。そこで動物たちのグループソウルに溶け合って、そこからまた現世に生まれてきます。この「再生」を繰り返し、種を変えたりしながら何代か生まれ変わっていくうちに、人間とも色濃く関わるようになっていくのです。例えば、時々、〝人間とたわむれるゴリラ〟などが話題になることがありますが、ああいうふうに、人と野生動物が近しく接することを通して、たましいを磨いているケースもあります。

こうした野生の動物たちに比べれば、家庭で人と触れ合う機会が多いペットは、格段に霊性が向上しています。それこそ、その表情、顔つきも違います。野生の動物は自分自身の本能のままに生きていますが、ペットは人と関わりながら、人間とコミュニケーションをとり始めます。

また、人のために働く動物も、高い霊性を持っています。霊性が高いからこそ、人のために働けているとも言えるでしょう。ただ、人間のために働く様子を見て、「働かされてかわいそう」と感じる人がいるのも事実です。ですが、動物たちの心境としては、「誉れ」だと感じて務めを果たしています。先述したように、動物は「自己保存」の本能で動きますから、どんなに訓練されても、本当にそれが嫌なら、テコでも動きません。

人のために働く動物というと、例えば盲導犬や聴導犬などが有名ですが、最近では、〝ファシリティドッグ〟といって、病院に常勤し、検査に向かう子どもたちに付き添ったりする仕事をしている犬もいるそうです。

どの動物たちも、やがては「人霊」になるために、霊的進化・霊的向上の途にあります。私たちは人霊として常にその自覚を持って、ボランティアの担い手たる意識が必要です。

「リーダーシップ」を育む学び

動物と共に暮らしていくことは、子育てに似ています。人間の子どもは、スピリチュアルな視点で見ると、「霊的世界からの預かりもの」。この世に生まれてきたい、と望んだたましいを父母の肉体を通して世に送り出し、ひとりで生きていけるだけの人間力を身につけさせてあげることが、子育てです。

それに対し、ペットとして家族に迎え入れた動物たちは、お腹を痛めて産んだ子ではないでしょう。けれども、人間の子どもと同じように愛おしく感じられるもの。たましいを育むボランティアをしていくという意味では、動物も人も基本的に接し方は同じなのです。

動物の中でも犬が一番わかりやすいので例に挙げますが、犬は群れを作って生きる動物。単独で狩りをする猫とは違い、群れで暮らす犬は、ボスがリーダーシップを発揮していれば、それに従います。つまり、ペットとして飼われる犬は、家庭内を自分の群れと認識して行動していくわけです。ですから、飼い主がリーダーシップをとれていれば、犬は「自分は二番手だ」と自覚して、素直に服従を示すでしょう。

ただ、中には主従が逆転している例もあります。犬を散歩させているはずが、飼い主のほうが〝水上スキー〟よろしくグイグイ引っ張られている。そんな光景を見たことがある人もいるのではないでしょうか。こういう場合は、完全に犬のほうが〝ボス〟になってしまっています。

動物へのボランティアとして飼うのであれば、この主従は逆転させるべきではありません。きちんと人間がリーダーシップをとってあげるほうが、動物たちは安心して暮らせるのですから。時々、犬が人間に噛みつく事故が起きたりもしますが、ああいった事故も、飼い主がしっかりリーダーシップをとり、しつけをしてあげてさえいれば、未然に防ぐことができる場合が多いのです。

「人と触れ合う中でたましいを成長させていく」という目的を考えれば、人間が正しくリーダーシップをとることは、動物たちのためと言えます。〝正しく〟というのが鍵。それは、威圧したり、えらそうにしたりすることでもなければ、逆に、かわいがりすぎて飼い主が召使いのようになる関係でもありません。

夫や父親が自分に自信が持てず、家族がひとつにまとまらなくて悩んでいる場合などには、私はよく、「環境が許されるなら、犬を飼ってみてはいかがですか」とアドバイスしていました。犬を育てる中で、夫や父親にもリーダーとしての自覚が必要となり、自然とリーダーシップや包容力が身について、うまくいった例をたくさん見てきました。

　このように、動物を育てることは実は人間の霊性向上にも一役買っています。動物育ては、人間育てにもなるのです。例えば、犬のしつけにおいては、「アイコンタクト」をとることが大切とされています。ここで大事なポイントがあります。それは、犬とアイコンタクトをとれる人は、人間ともアイコンタクトをとれるということ。犬を迎えてしつけをするという学びを通して、コミュニケーション力も高めることができると感じています（しつけやコミュニケーションについては、2章、3章も参照）。

　現代は「嘘の時代」です。私たちの周りには嘘がごまんとありますが、動物は嘘をつきません。ペットとコミュニケーションをとりながら暮らすことで、私たちは真の愛を知り、自らの霊性を向上させることができます。こうして、人と動物は、互いに学び合って成長していくのです。

動物たちには
霊能力がある

動物たちは、とてもスピリチュアルです。中でもよくあるのが、クモや蝶など昆虫の身体に憑依《ひょうい》する形でメッセージを伝えてくるケース。動物が「霊媒」になっている状態で、お墓参りをすると、蝶が飛んできてまとわりつくといったこともその一例です。お盆や命日にどこからともなく生き物が現れ、家族で「もしかして、これってお母さん？」などと言い合うこともよくあります。憑依と言っても怖いものではありません。ただ現世の様子を見に来ているだけで、「いつも見守っている」ということを伝えているのです。人間のほうが〝大きい〟のに、蝶に乗れるのか？　と気になった人がいたら、霊的世界のことがわかっていない証《あか》し。当然ながら、大きさはまったく関係ありません。

人と暮らすペットも、霊能力を有しています。イルカなどの野生動物に比べれば鋭さは劣るかもしれませんが、例えば、犬でも猫でもこの世のものではない何かを見ることはありえます。

実際、「うちの子が、時々天井のほうを見て吠えている。何かが見えているのか」と心配になったといった話も聞きますが、ただ何かの物音が気になって吠えているだけのこともあれば、本当に霊が見えて吠えている場合も。動物だって、霊など、自分の知らないものが見えたら警戒して当然です。こういう場合は、たとえあなたにはその姿が見えなかったとしても「大丈夫だよ」とやさしく声を掛け、落ち着かせてあげましょう。そこで「どうして吠えるの！」と声を荒らげたり、叱ったりしてはいけません。飼い主を守ろうとして吠えたのですから。

また、吠えているときの尻尾の様子もよく観察してみてください。怖いものを見て吠えているのなら、尻尾は下がっているでしょう。怯えているのか、威嚇しているのか、喜んでいるのか。ペットの様子をしっかり観察しましょう。

本来、動物と人間は「たましい」で語り合うことができるもの。こうした日常のちょっとした出来事でも、お互いに霊的な存在である以上、コミュニケーションがとれるはずです。けれども、今はどちらかと言うと、人間のほうの感性が乏しくなっていると感じます。せっかく動物たちがメッセージを送ってきても、それに気づけない人も多いのではないでしょうか。それもそうでしょう。日々の忙しさに心を失い、気分転換といえばすぐにインターネットやゲームをして、バーチャルな世界に没頭している。花を飾ったり、動物と接したり、芸術に触れたりする時間を持たないようでは、どんどん心が鈍っていきます。

パーセンテージが高いか低いかの違いがあるだけで、誰もが霊能力を持っています。ですから、心を鈍感なままにせず、あなたの愛する動物たちと向き合ってみてください。彼らはあなたに何を語りかけているでしょうか？　目を合わせて、動物たちの気持ちを感じ取りましょう。今、動物を飼っていない人ならば、花を飾り、その花が何を語っているか、感性で受け止める訓練をしてもいいでしょう。もちろん、花にだってあなたの思いはちゃんと伝わります。例えばあなたが「きれいだね」と花に向かって褒めてあげると、それだけでいつもよりも長持ちしたりするのです。

ただ、コミュニケーションをとればわかりますが、吠えることひとつとっても理由はさまざま。ケース・バイ・ケースです。飼っている犬が急に吠えるようになったからといって、「うちの子が憑依されている」なんて短絡的に決め付けないで。むしろ、実は人間のほうの波長が下がり、未浄化な霊を引き寄せていて、憑依されていることも……。動物が、普段と違うあなたのその様子を敏感に感じ取り、吠えているという可能性もあります。鏡などを見て、自分の目つきが普段と違う、と感じた場合は憑依を疑い、規則正しい生活に戻すなどして、自己浄霊しましょう。

動物虐待とたましい

ペットをスピリチュアルなパートナーとして大切に愛する人たちがいる一方で、動物虐待も深刻な問題になっています。先ごろ『婦人公論』の増刊『江原啓之が行く！　ペットとスピリチュアルに暮らす』の中で取材や対談をさせていただいて、そこでも動物たちを取り巻くさまざまな現実を知ることができました。

動物虐待の問題もしかり。例えば、無秩序な飼い方による異常繁殖の結果、飼育不能になる「多頭飼育崩壊」の問題や、飼い主が犬を虐待している動画が拡散されて逮捕に至った、といったニュースなどもありました。

増刊では、動物愛護の活動に熱心に取り組まれている杉本彩さんと対談をさせていただきました。お話をうかがい愕然となったことばかり。日本では、動物を取り巻く法律ひとつとっても、十分ではなかったのです。他人の所有する動物を傷つけたり殺したりする行為は刑法の「器物損壊罪」にあたり、「3年以下の懲役又は30万円以下の罰金若しくは科料」に問われます。これまで、「動物愛護管理法」で裁かれた場合は、器物損壊罪よりも懲役は軽くなっていたのだとか。動物愛護管理法があっても、器物損壊罪を適用したほうが重い罪に問える。そのこと自体に私は矛盾を感じずにはいられませんでした。

しかし、ようやく明るい兆しも見えてきました。2019年に「動物愛護管理法の改正案」が成立し、動物虐待に対する罰則も引き上げられることになったのです。今回の法改正でようやく、動物殺傷の場合、「5年以下の懲役又は500万円以下の罰金」へと改正されることになりました（以前は2年以下の懲役又は200万円以下の罰金）。

ただ、いくら法律面で刑罰が厳しくなり、重い罪に問われるようになったとしても、動物に関わる人間の意識が変わらない限り、虐待がゼロになるのは難しいでしょう。実際、インターネット上には、動物を同じ命とも思わないような扱いをしている動画もアップされているそうです。インコを瀕死の状態になるまでいじめる悪質なものまであると耳にして、にわかには信じがたいと感じました。当然、こうした動画を撮影すること自体、その人のカルマになりますし、動画を興味本位で見て喜んだりする人も同様に、カルマを負うことになります。

また、動物を捨てる行為やネグレクトも、飼い主としての責任を放棄したことになりますから、カルマになります。動物虐待の罰則は、それでもまだ軽いと感じる人もいることでしょう。しかし、たとえ現世での罪は軽くすんで逃げおおせたかに思えても、やがて霊的世界に帰ったとき、すべてが明白になります。「死ねば終わり」にはなりません。たましいは永遠ですから、〝死に逃げ〟は絶対できない。自分がしたことの愚かさを反省することになります。

また、サーカスで芸をする動物や競走馬について、「あれは虐待だ」と批判する人もいます。確かに、必要がないのに鞭《むち》で打ったりしているのであれば明らかな虐待ですが、芸や競走をすること自体まで、虐待とするのは言いすぎでしょう。

水族館で芸をしているアシカなども、人間から見れば「芸」ですが、動物たちからすると、どれも遊んでいる感覚。そして、競走馬は「走る」という本能を生かしているものだと考えれば、無理はさせていないと言えます。人間側が「かわいそう」というフィルターをかけて見ているだけで、動物たちに気持ちを聞けば、人間と触れ合って生きることや調和できていることに、「喜びを感じている」と答えるのではないでしょうか。

それにもし「競わせること」が虐待なら、受験戦争や出世レースをしている人間だって同じでしょう。結局のところ「かわいそう」に見えるか否かは、受け手のフィルター次第ということ。苦痛ではなく喜びがあれば、虐待ではないのです。

ペットと災害

私が初めて〝ペット〟について書いたのは、2007年に上梓した『ペットはあなたのスピリチュアル・パートナー』（中央公論新社刊）でした。おかげさまで長く読み続けられていますが、歳月を経て、動物たちを取り巻く環境は随分変わりました。

「スピリチュアル・パートナー」として、家族的なつながりを感じる人も増えているでしょう。しかし、だからこそ、迷うこともあります。例えば、災害が発生した際に、どうするかという問題。ペットも家族の一員ですから、避難所に連れて行きたい。けれども、動物が苦手な人もいれば、鳴き声や臭いが気になる人もいるし、アレルギーがある人などもいます。同行避難が推奨されるようになっているとは言え、そうした事情を汲《く》むと、避難所の中に入ることを遠慮する人も多いのではないでしょうか。

東日本大震災が発生した際、被災地には、家畜も含めると相当な数の動物たちが取り残されました。ボランティア団体に保護された例もありますが、家族と離れ離れになったというニュースに、胸を痛めた人も多かったはずです。

スピリチュアルな視点で言えば、動物たちは基本的に「自己保存」の本能で生きています。特に、人に飼われているペットは、飼い主がいてくれることが絶対なのです。少し余談になりますが、飼い主が車に轢《ひ》かれそうになったとき、犬が身代わりになるかのように飛び出してきた、といった話を聞いたことはありませんか？　これも、実は「飼い主がいなくなったら自分が生きていけない」と本能的に察しての行動。自己保存の本能がそうさせるのです。それほどまでに「自己保存」の本能が強い動物たちにとっては、飼い主と離れるのはつらいこと。ですから、災害発生時も一緒に避難できるのがお互いにとって一番いい選択です。

東京都の「災害ハンドブック」によれば、ペットのための防災用品として、最低3～5日分のフードや水、常備薬や療法食、食器、トイレ用品、首輪やリード、ケージやキャリーバッグ、そして、既往歴などを記録したもの、飼い主と一緒に写した写真などをあらかじめ用意しておくといいそうです。写真は、万が一離れてしまった際、ペットの特定に役立つのだとか。マイクロチップの登録や鑑札、迷子札は身元を明らかにするために必要ですが、災害時はスマホや携帯が使えないこともあるので、紙焼き写真があるとより安心かもしれません。

自然災害は、いつやってくるかわかりません。東日本大震災の後も、日本各地で地震や台風など、さまざまな災害が起こっていて、いまや被災地ではない場所を探すほうが難しいくらいです。災害は、決して他人事ではありません。災害発生時に慌てないためにも、避難場所やペットを連れてどう避難するかなど、よく考えておきましょう。いざというときのために、日頃からケージに入るように慣れさせておき、トイレのしつけなどもしておくと安心です。

避難所には知らない人が大勢いるので、ペットにとっては落ち着かない場所でしょう。少しでもストレスを減らすため、もしものときに備え、他の人や動物を怖がらないよう、日常的にコミュニケーションをとっておきましょう。

もっとも、受け入れ態勢など、今後見直すべきこともあります。災害時にペットと一緒に過ごせる部屋がないこと自体、そもそも問題だと思うからです。理想を言えば、種別の部屋を設け、さらに言えば、大型犬と小型犬は分けるなどして、動物にとってストレスがかからない環境を整えてあげるほうがいいでしょう。

私自身も犬と暮らしていますが、環境次第ではもしかしたら「避難所には行かない」という選択をするかもしれません。離れることを思うと、身を引き裂かれるように感じてしまいます。ペットの救援物資の支給は、人より後回しになる可能性が高いので、「備えよ常に」の精神で準備しておきましょう。

保護した動物たちのたましい

最近は、ペットを家族に迎え入れるとき、「保護」するという形を考える人も増えてきました。自治体が運営する動物愛護センターや一般のボランティア団体から引き取るという選択肢が視野に入るようになってきたのです。

かつては、生体販売をするペットショップから〝買う〟のが主流でした。しかし、一部の悪質な生体販売店の陰には、「パピーミル」（子犬工場）と呼ばれる悪質なブリーダーがいるという事実も知られ始めました。劣悪な環境で親犬や親猫が繁殖を繰り返すケースも多いと聞き、「ペット業界の闇」の一端に触れた思いがしました。

子犬や子猫ほどかわいい、人気の種類が飼いたい。そういうニーズがある限り、悪質業者はなくならない。イタチごっこかもしれません。より幼い犬や猫にこだわるのは小我。自己中心的な動機で、恥ずべきことです。実際、海外では保護団体では老犬や障がいのある犬から引き取り手が決まるようですから、日本のペットを取り巻く環境がいかに未成熟であるかを痛感させられます。

保護犬や保護猫を迎える場合、途中から違う人が「たましいのボランティア」を引き受けることになるわけですから、出会いの瞬間から心がけたいことがあります。動物たちは当然、もとの飼い主のことを覚えています。だからそのことを理解して接することです。まず大事なのは、アイコンタクト。アイコンタクトがとれれば「あなたをボスとして認めます」というサインなのです。

また、これは条件が許せばですが、抱っこさせてもらうのがいいでしょう。もしそこで急に落ち着きがなくなったり、逃げたりするようなら、「オーラが馴染《なじ》まない」という反応です。慌てて決断せず、何度か足を運んでみましょう。どの段階から迎え入れるにせよ、命あるものと暮らす限り、終生飼育する義務があります。命をまっとうするまで、たましいのボランティアをし続ける覚悟があるか、自らに問いかけてみてください。感情ではなく、理性で考えることが重要。現実的な話ですが、動物を飼うには、日頃のケアなども含めるとかなりお金がかかります。その経済力があるかということもしっかり考えて決断を。中には、「安く手に入るから」という動機で保護犬や保護猫を探す人もいると聞きますが、当然その後もお金はかかります。不純な思いで迎え入れてはいけません。

また、先住のペットがいる場合も慎重に。後から相性が悪いことがわかり悩んでいる人もいるようです。できれば、一定期間一緒に過ごせる「トライアル」を設けているところを探すといいでしょう。家でのトライアルができない場合は、ドッグランなどで短時間会わせて〝お見合い〟をするだけでも、相性が見えてくると思います。広い敷地があって動物同士顔を合わせなくても暮らせるなら別ですが、そうでないなら、相性が合わないと思わぬケガや事故につながることも。猫はまだ嫌と思えば逃げるでしょうが、犬の場合は特に気をつけてあげましょう。

家で飼われている犬というのは、少し小我が目覚めていくので、人間っぽさを感じさせることがあります。逆説的な言い方ですが、霊性が高くなっているからこそ、人間のようにやきもちを焼いたり、陰険な行動をしたりすることも。多頭飼いをする際は、片方だけに目をかけるなど差別をせず、平等に愛を傾けましょう。また、動物にお互いの匂いを嗅がせてオーラを交換すると、打ち解けやすくなります。

保護された動物が前の飼い主のもとを離れた事情はさまざまです。悪環境で飼われていたり、虐待を受けていたり、多投飼育が崩壊したブリーダーのもとにいて弱っていたり、中には病気の子もいるでしょう。そういった事情をきちんと理解し、「終生飼い遂げる覚悟」を持ったうえで迎え入れられるのか、よく考えて。少しでもためらうなら、飼わないほうが動物たちのため。甘い考えの人間が引き取るほうがかわいそうです。

Q 動物にもオーラがあるのですか？

A 肉眼では見えませんが、あります。オーラには、健康状態や感情を表す「幽体のオーラ」と、たましいの成熟度を示す「霊体のオーラ」があります。人の場合で説明すると、幽体のオーラはその日のコンディションで変化し、例えばイライラしていれば、どんよりとくすんだ赤に視《み》えたりします。これに対し、霊体のオーラのほうは、頭頂部付近に視えますが、これはその人のたましいの成熟度を示すもので、多様な色みがあります。私はいつも「オーラは経験と感動のスタンプ」と説明していますが、言い換えれば、それだけ何か大きなターニングポイントや精神的成長がなければ、霊体のオーラは輝きを増さないのです。

こうした人間のオーラと比べると、動物の場合はいたってシンプル。まだ理性を持ち合わせていないだけに、人間のように霊体のオーラを複雑に持つことはありません。動物の場合、幽体のオーラは、クリーム色（黄色）やオレンジ色といった「単色」です。

オーラの種類は多くはありませんが、動物たちは人間以上にオーラには敏感です。例えば犬は、犬好きな人を見分けられると感じたことはないでしょうか？あれは、人間のオーラを視て理解しているのです。犬の目にはモノクロにしか映りませんが、それは、肉眼でのこと。たましいの目（霊眼）ではきちんとオーラを見分けています。動物好きな人のオーラは、朗らかな黄色やオレンジ色に視え、反対に「動物が怖くてビクビクしている」という感情は、青く視えているのです。動物たちは常に人間のオーラを感じ取ります。例えば、「どうも最近犬に好かれない」と感じるときは、あなたが何か心得違いをしていて、オーラがくすんでいる場合も。人間側の〝気〟が悪いことを教えてくれることもあるのです。また、オーラを利用して動物たちの心を落ち着けることもできますので、ぜひ参考にしてください。

また、保護犬や保護猫を家族として迎えたとき、妙に落ち着きがなくいろんな場所の匂いを嗅いだり、家の中をウロウロしたりするかもしれません。これは、スピリチュアルな視点で見れば、自分のオーラを周りに馴染ませる行為。匂いを付けるのと同じように、オーラでマーキングしているのです。引っ越しで環境が変わったときなども、同じような行動が見られるかもしれませんが、早くその環境に慣れさせるためにも、自由にさせてあげるといいでしょう。

Q ペットのお骨でペンダントを作りました。成仏の妨げになりますか？

A 亡くなったペットたちに成仏してほしいと思っているのなら、「物」に執着しないこと。その子が使っていたものをそのままにしたり、お骨からペンダントを作ったりすると、余計に忘れられません。本当に愛しているなら、「物」がなくても、思い出を胸に抱くことができるはずです。

ただ、これも現代人的かもしれません。今はみな、旅先の風景を目と心に焼き付けるより、写真などの形に残すことに夢中です。何かを通してでないと、思い出しづらいのかもしれませんが、物はいつかなくなります。けれど、たましいに刻まれた思い出は誰にも奪われず、消えることもありません。

お骨をずっと手元に置いておく「手元供養」や、庭に埋葬する場合も、それが「ずっと私のそばにいてほしい」という想いからくるものなら、執着になって、浄化の妨げになってしまいます。ペンダントなど、形にして持ってしまうと、今度はその処分に困ることも……。あなたの死後、それをどうするかまで考えずに作るのはよくありません。物として形が残っていることが、遺族の心の負担になってしまうこともありえます。ですから、自分の代のうちに、生前整理をしておくほうがいいでしょう。

すでに形ある何かを作ってしまった人は、亡くなったペットへの執着があると思うなら、やはり手放すほうが賢明。あなたの念が浄化の妨げになってしまっては、愛する動物たちのためにならないからです。また、物には想いがこもりますから、それを作った人から誰かが引き継いで持っていると、もとの持ち主の「寂しい」といった念が伝わってこないとも限りません。

処分したい場合、〝おたきあげ〟は一案ですが、最近は環境への配慮もあり、持ち込みを断る神社も増えています。処分できなくて困っているという声もあり、手前味噌ながら、「お祓《はら》い箱」（マガジンハウス刊）シリーズを作りました。塩や竹幣などの道具が一式揃《そろ》っていますから、自分でお祓いできます。

2章
コミュニケーションをとるために

ペットにテレパシーを送って想いを伝える

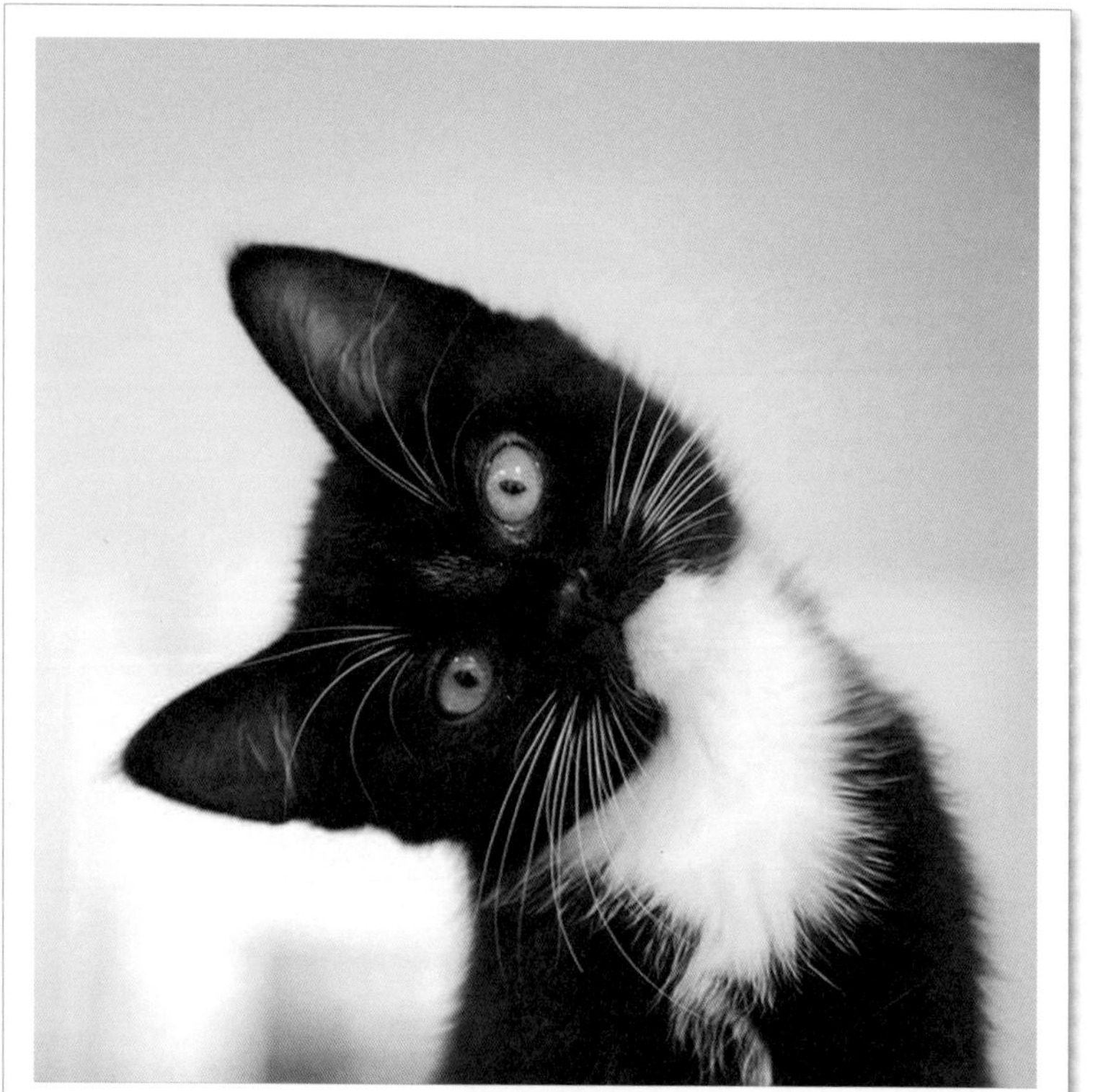

動物たちも霊的な存在ですから、スピリチュアルなコミュニケーションをとることは可能です。テレパシーによって語りかければ、反応が返ってくるでしょう。

ただ、テレパシーというと、超能力的なイメージがあるのか、特殊な力がないと声を聴けないと勘違いしている人もいるかもしれません。テレパシーは、日本語で言い換えれば、精神感応。つまり、〝感じ応えること〟ですから、誰にでもできます。

あなたは、ふと気配を感じて振り返ったら、人と目が合ったという経験をしたことはありませんか？　これは、相手の念をあなたが〝オーラ〟でキャッチしたことによって起きる現象です。人から動物に念を送ったり、また、動物から受け取ったりするときも、これと同じ原理で行うことができます。

後ほど、付録のコミュニケーション・カードを使うやり方、そしてダウジングでコミュニケーションをとる方法を説明しますが、こうしたツールはあくまでも補助的なもの。まずは飼い主からペットに〝直接〟語りかけることが、コミュニケーションの第一歩です。目の前にコンタクトをとりたい相手がいるのに、ツールにすぐ頼るのは横着。それでは、カフェで見かける不思議なカップルと変わりません。恋人が目の前にいるのに話ひとつせず、通信アプリでやりとりをする。それでは心もすれ違ってしまいます。「動物」対「人」、「人」対「人」。いずれの場合も、相手と心を通わせようという気持ちがない限り、その〝声〟を聴くことはできません。

そして、さらに大事なのは、「動物と人間は違う」というのをきちんと理解すること。ペットを溺愛するあまり、〝境目〟がなくなりすぎてしまう人がいます。「動物（ペット）はきっと、人間（自分）と同じように考えているはず……」と思い込んでしまうのは危険です。ペットに気持ちを尋ねるときも、「こうであってほしい」と願望を押し付けたり、動物側の都合を無視したりしてはダメ。天国に旅立ったペットとコンタクトをとる場合も、「ずっと私のところにいて」などと伝えるのは、飼い主の小我なのです。彼らは「たましいの故郷」に帰ってのびのび過ごしているのですから、飼い主には節度が必要です。

今、目の前にペットがいる人は、テレパシーで語りかける練習をしてみましょう。手始めにまず「おいで」と伝えてみて。声に出さず念だけを送るのが難しいと感じたら、言葉を声に出してＯＫ。その際も、ただ声に出すのではなく、テレパシーも同時に送って。言葉の〝船〟にあなたの念（想い）を乗せ、ペットに届けるイメージで行うのがポイントです。

ただ、マニュアルのようにやり方にとらわれ、必死になりすぎるのも本末転倒。その必死感が伝わると、ペットも「一体どうしたんだろう？」と不思議に感じるかもしれませんから、無理のない範囲でやってみてください。

「言葉やテレパシーなんて通じるはずがない」と疑って試すと、当然伝わりません。最初はいきなり高度なコンタクトをとろうと考えず、テレパシーで自分のほうを振り向かせるなど簡単なことから試し、少しずつステップアップを。慣れてきたら、「ペット見守りカメラ」などを利用し、遠隔でテレパシーを送ってみてもいいでしょう。テレパシーには、物理的な距離は関係ありません。

ただ、この時間にやるなど、ルーティンにしてしまうと、動物たちはそれを習慣として覚えて反応してしまうので、特に決まりはもうけなくて構いません。人間も動物も、リラックスした状態のときに行ってください。

あなたがペットに話しかけるとき、彼らも同じくあなたに語りかけています。マンガの吹き出しのように、〝言いたいこと〟がポンポンと浮かんでいることでしょう。それをキャッチできるかどうかは、飼い主の愛情次第。常に動物たちに目を向け、心を離さずにいれば、その想いが確かに伝わってくるはずです。

出会いはじめの
コミュニケーション

飼い主とペットの絆を築くうえでも、出会ってすぐのコミュニケーションには気配りが必要です。例えば、保護した動物の場合、なかなか懐いてくれず、葛藤することもあるそう。虐待など、保護された事情を知ればなおのこと、「愛情をたっぷりかけなくては」と焦るのでしょう。気持ちはわかるのですが、動物側からすると、初めは〝情報収集〟に専念したいのです。「この人はどういう存在？」と、こちら側をよく見ています。まずは、彼らの出方を待つこと。向こうから近づいてくるまでは、心は傾けつつも、構いすぎないのがポイントです。

動物は、人間のことをよく見ています。「大我」を迎えに和歌山まで行った際も、彼はすごく考えていました。「これはどういう状況？」と。そして私を見て「僕を守ってくれる人だ」とわかったようでした。情報収集タイムが終われば警戒心も解け、スキンシップもとれるようになります。帰路の約10時間、私は車中でずっと大我を抱っこし、その間もコミュニケーションをとっていたので、わが家にたどりつく頃には落ち着いた様子で、ホームシックにも罹《かか》りませんでした。保護猫を迎えた知人は、「2週間、私に近寄ってこなかった」と言っていましたが、根気よく待って心を通わせ、家族になりました。やはり、〝粘り強く待つこと〟がコミュニケーションの始まりなのです。

保護動物に限らず、出会って間もないうちは、コミュニケーションをどうとればいいのかわからず、戸惑うかもしれません。そんなときは、ペットの目を見て、そして彼らの息づかいや声の変化などを観察してみてください。よく、「うちの子は無駄吠えするんです」などと言う人もいますが、それはあなたが理由をわかっていないだけ。動物たちにとっては何か理由があって吠えています。外から聞こえる音が嫌なのか、知らない人が訪ねてきて吠えているのか、はたまた、吠えれば構ってくれるとわかり、飼い主の関心を自分に向けたいだけなのか。理由を知るためにも、犬なら犬の習性やその個性をよく見てあげてください。

人間同士、例えば夫婦でも「なぜ相手がイライラしているのかわからない」と嘆く人がいますが、わからないのはコミュニケーション不足。いくら夫婦でも「それを言われたら堪忍袋の緒が切れる」というポイントがあるもの。こういう〝ツボ〟を刺激して怒らせているのかもしれません。動物と人間のコミュニケーションをとるうえでも、心構えは同じです。何をされたら嫌がり、何をしたら喜ぶか。シンプルに考えて、ペットの気持ちに寄り添いましょう。

出会いは「宿命」だと最初にも書きましたが、みなどこかでその確信を持ちたいのでしょう。「本当にうちでよかったのか。どうも我慢しているように見える」と悩む人もいます。だから、「スピリチュアルな方法で、この子の気持ちが知りたい」と願うのでしょう。また、病気や障がいという個性を持った子を迎え入れた場合などは、看病に疲れきり、「何かしらの絆を証明してもらえたら頑張れる」と思うことがあるのかもしれません。その気持ちもわかりますが、共に過ごしていれば絶対にわかるはず。自分がお腹を痛めて産んだ子ではないけれど、あなたのもとにやってきたのは、特別な縁があったからに他なりません。だからこそ出会い、共に霊性を向上しようと、切磋琢磨しているのです。

中には、ペットを失《な》くし、失意の底から立ち直る過程で、新しい家族を迎える人もいるでしょう。「新しい子を迎えたら先代が嫉妬しないか」と葛藤する人もいますが、その点は心配無用です。動物たちはもう自分の代ではないことを理解しています。彼らは、動物みんなが〝ひとつの大きな仲間〟という意識（類魂意識）が強いので、どんな種であれ、次に新しい動物を迎えれば、そのことを喜びます。生きているときにやきもち焼きだった子でも、あの世に戻った後はすべてを理解して、霊的世界から次の子を見守っています。先代のことが気になるようであれば、「新しく〇〇を家族に迎えたよ」と心の中で報告を。それがテレパシーとなって、天国にいるペットに届きます。

コミュニケーション不足が生む問題

動物好きな人がみなコミュニケーション上手、というわけではありません。飼い主がよかれと思ってやっていることでも、動物側は喜んでいないことも……。コミュニケーションが一方通行になっているケースです。例えば、犬に洋服を着せるのも、皮膚病ケアや防寒など、ペットのためという動機があるなら、その気持ちはペットに伝わります。でも、ただのおしゃれ目的で着させているなら、飼い主の小我。ペットは内心「我慢」と思っているかもしれません。

動物を飼い始めると、ワクチン接種、狂犬病予防の注射など、ケガや病気以外でも獣医さんのお世話になることがあるでしょう。でも、病院に行くのを嫌がるペットも多く、「うちの子は、連れて行くだけでも大騒ぎなんです」と、頭痛の種になっているという話もよく聞きます。

急に連れて行くからビックリするのだと思って「今日はお注射、頑張ろうね」などとわざわざ前もって語りかける人もいますが、そのコミュニケーションは私から言わせると逆効果。かえって身構えてしまいます。それよりも、そこに連れて行ったときに「いいことがある」と思わせてあげるほうがいいでしょう。

大我も予防接種のために病院に連れて行きましたが、診察台に上がったタイミングで、少しおやつをあげていました。もちろんそのときの体調にもよりますから、いつも〝おやつ作戦〟が有効とは限りませんが、要は「いい思い出」を残してあげることで、動物にとって「嫌な場所ではない」と記憶させるのがポイントです。病院以外に苦手な場所があるときにも、試してみてください。

少し話がそれましたが、こうした日常のことひとつとっても、動物の気持ちを汲めていない飼い主は、実のところ、ペットと正しいコミュニケーションがとれていないのです。

自称・動物好きの人の中には、「人間嫌いが昂《こう》じ、現実逃避のために動物を溺愛する」という方向に針が振れた人もいます。不衛生な飼い方をして、家の中はぐちゃぐちゃ。そこに猫が何十匹もいるというような〝多頭飼育崩壊〟の現場などを見ると、こういう人は、決して動物好きなのではなく、むしろ、人も動物も嫌いで、人間とも動物とも心を通わせられない人だと確信します。

無責任な飼い主にならないためにも、「ペットショップなどの生体販売業者から命を買わない」という考え方がもっと広まっていくべき。命を軽々しく扱う人がいるのは、安易に買えてしまうから。それこそしつけがうまくいかないだけで、「もういらない」と、ためらいもなく捨ててしまったりするのです。ペット業者が処分に困ると、「引き取り屋」と呼ばれる別の業者に引き取られ、劣悪な環境に放置して死なせるといった「闇」もあるとか。事実を知れば、「無知は罪」だとわかるはずです。

ペットを迎えるには、覚悟も準備も必要。そして、コミュニケーションをとっていくことは飼い主の責務です。まずは動物の生態をよく勉強してください。例えば、日本犬と洋犬では性質もかなり違います。それぞれの個性を理解して向き合うことが欠かせません。

ブリーダーを通して迎える場合も、コミュニケーションは重要な鍵。取材で訪ねたバーニーズ・マウンテン・ドッグの犬舎では、「よいブリーダーの見分け方」をうかがいましたが、「実際に会ってみて、長く付き合えそうか見極めることが大事」との話に、深く頷きました。ブリーダー（人）とコミュニケーションをとれることとも、外せないポイントです。

コミュニケーション不足が生む問題はこのようにいろいろありますが、逆に、対人コミュニケーションが苦手な人が、ペットを飼うことを通して成長することも。無償の愛に触れて癒やされ、愛を学び、ペットが「何を考えているのだろう」と日頃から推し量ることで、〝想像力〟を育むこともできると思います。

迷子になったペットを探したい

小鳥が逃げてしまった、猫が外に出て何日も戻ってこない、買い物中、犬を外につないでおいたら連れ去られたなど、突然ペットがいなくなってしまうと、パニックに陥るでしょう。盗難など、明らかな事件性が認められる場合は警察に届けてください。人を連れ去ったら誘拐ですが、犬など動物の連れ去りで問われるのは窃盗罪。法律上、動物はまだ「物」として扱われているのが現状です。でも、飼い主にとっては、大切な家族。だからこそ、なんとしてでも見つけ出して、家に帰してあげたいと願うものでしょう。

そもそも「迷子にさせない」努力は普段から徹底してできていたでしょうか。不測の事態に備えてマイクロチップを入れたり、迷子札や（犬の場合は）鑑札を付けたりなど、事前にしておけることはあったはず。法改正によって、動物を取り扱う業者はマイクロチップを入れることが義務付けられますが、飼い主も、きちんとそのマイクロチップと紐《ひも》づく個人情報を登録しておく必要があります。

ここは現世ですから、スピリチュアルなコミュニケーションに頼る以前に、実務的にできる対策はとっておかねばなりません。「迷子になった、どうしよう……」とあたふたしてパニックになる人に限って、何もしていないことも。災害などもそうですが、「もしものときのことを考えるのが怖い」という人もいます。

でも、昔から言うように「備えあれば憂いなし」なのです。何も備えておかないほうが怖いと心に留め、できることはすべてやっておきましょう。

もちろん、行方がわからなくなった段階で、すぐ警察や動物愛護センターなど、関係各所に届け出て、保護された場合に備えておくことも必要です。

こうした「すべきこと」をきちんと行ったうえでのことですが、テレパシーによる捜索を試してみてもいいでしょう。日頃からコミュニケーションをとっていれば、「どこにいるの？　戻っておいで」というあなたの念がペットに届きやすいはずです。捜索の助けとして、コミュニケーション・カードやペンデュラム（振り子）を用いたダウジングを行ってみても構いません。

ただ、ここでひとつ忘れてはいけない大事なことがあります。それは、居場所がわからなかったり、帰って来なかったりしたときは、他に安住の地を見つけたのだと受け入れること。あきらめるのは簡単ではないと思いますが、現実を受け入れてください。かつて個人カウンセリングをしていたとき、「行方不明者の居場所が知りたい」という相談を受けたことがあります。ただ、見つけてあげることが必ずしも正解ではないケースも……。捜索を依頼した側の主張だけを聞けば、見つけ出すことが善と思えるかもしれませんが、実はその人から逃げている可能性も否定できません。仮に本人の意思で出て行ったのなら、「見つけられたくない」でしょう。つまり、発見することが本当に幸せかどうかは、一概には言えないということなのです。そして、ペットにおいても、この考え方は変わりません。どこかで誰かに保護されて、その家で穏やかに暮らしている可能性もあります。

また、野生の本能がそうさせるのか、自分の死期を悟って、飼い主のもとからいなくなることも珍しくありません。つまり、行方不明になったのは、ペットの自発的な行動ということ。このように「いなくなる」理由は実にさまざまです。

もし、飼い主の過失や不注意で迷子にさせたなら、飼い方を反省して。どこか気が緩み、目と心を離した隙にトラブルが起きた可能性もゼロではないはず。

また、もうひとつのケースとして考えられるのが、「冒険好きな子」というパターン。私が最初に飼ったゴールデン・レトリーバーも、散歩中に公園から脱走していなくなったことがありました。夜遅い時間だったので、暗がりの中を必死に探したものの見つからず、いったん家路に就いたのです。すると、しれっとした顔をして、門の前で待っているではありませんか！　今思えば、きっと彼なりの探検だったのでしょう。どちらにしても、いなくなる理由はあるということ。探すときは、その思いを汲みながら、コミュニケーションをはかってください。

別れのコミュニケーション

愛するペットともいつか別れはやってきます。それは生きとし生けるものの「宿命」です。4章でも触れますが、ここでは動物と病について触れたいと思います。

人間の場合、不摂生などからなる「肉の病」、日頃の思いぐせからなる「思いぐせの病」、そして寿命に関わる「宿命の病」の3つに分かれますが、動物にあるのは基本的には「宿命の病」だけです。例えば、歯周病になるのは、飼い主がきちんと歯磨きをしてあげていなかったから。犬にストレスがかかって体調を崩したとしても、それは犬の「思いぐせ」による病ではなく、飼い主側に何かストレスをかける要因があると、とらえます。むしろ、飼い主の「思いぐせ」で罹ってしまう病気と言っていいでしょう。

獣医療の発達や食の改善によって、昔に比べて長寿になっていますが、動物にあるのは自己保存の本能のみ。ですから、長生きするということも、飼い主の思いの映し出しです。動物には「長生きしたい」というような意思はありませんし、人間のように、「死ぬのが怖い」と思うこともありません。動物の病や寿命には、人間側の思いが強く反映されることを忘れないでください。

例えば、愛猫が白血病に罹り、10日おきに輸血をしなければ死んでしまうとわかったら、あなたならどうしますか？　根本的な治癒は難しい状況です。私なら、それが仮に軽度の骨折など、完治の可能性が高い病気なら、「医学の進歩というカルマを受け入れる」という意味で、治療を考えるでしょう。ただ、繰り返しになりますが、動物は死を恐れていないのです。自然界にいれば弱肉強食で、弱っていれば他の動物に食べられてしまいます。そういう中で生きてきた動物を「ペット」として迎え入れ、共に過ごしているだけでも、十分長生きはしているはず。そういうことを視野に入れると、輸血までして生きながらえさせるより、私なら自然な最期を受け入れます。そもそも、動物には自然治癒力が備わっています。その範囲の中で自然に生き、自然に死ぬのが動物たち本来の姿だということを忘れてはいけません。

いまわの際にあるのに「死なないで！」と追いすがるのは、ペットのためではなく、自己憐憫。厳しく聞こえるかもしれませんが、「私を置いていかないで」という小我です。それでも動物たちは飼い主の気持ちを汲み、「もう頑張れない」とは言えず、生きようとするかもしれません。大我があるならば、「逝きたいときに逝っていいからね」と、自由にさせてあげることが本当の愛ではないでしょうか。それが、別れのときにできる最大のコミュニケーションだと思います。

　ここで、別れのコミュニケーションを正しくとれず、飼い主の側が執着を残してしまうと、それが「ペットロス」につながってしまうこともあります。例えば、ある飼い主さんは、外出中に猫が亡くなってしまい、看取れなかった自分を責め続けていました。「私が留守にさえしなければ、異変を感じて助けてあげられたかもしれない」と。しかし、厳しい言い方ですが、これも小我なのです。助けてあげたかったという気持ちがあるにせよ、自分を責め続けるのは、「自分のことが一番かわいそう」という自己憐憫。ママの腕の中で旅立ってほしかった……、そんな自分の理想を動物に押し付けるのはやめましょう。いつまでも引きずってしまうとわかっていたから、ペットは飼い主がそばにいないときを見計らって旅立ったのではないでしょうか。死に目を見ていたらいたで、さらにショックを受けていたかもしれません。

　飼い主の愛情が足りなかったから看取れなかったなどという〝因果関係〟はありません。愛情の大きさに、左右されるものではないのです。忘れないでください。あちらの世界からはこちらが見えています。命がついえて、肉体がなくなったら、それで「コミュニケーションは終了」というわけではありません。あなたが、彼らのたましいに語りかけテレパシーを送れば、あの世にも想いは届きます。

偽アニマル
コミュニケーターにご用心

巷には、「動物と霊的コンタクトがとれる」と謳《うた》う「アニマルコミュニケーター」が雨後の筍のように登場しているようです。霊能力があると謳っているのに、「数日で資格が取れる」などと宣伝するところもあるそうなので、真偽の判断には十分な注意が必要です。心理学や動物行動学に基づいて行う場合と、霊的なコンタクトをとって行う場合とでは、まったくアプローチが異なります。

霊的なコンタクトをとってもらいたいと思って利用する人は、必ずエビデンス（証拠）を示してもらうようにしてください。飼っている（または亡くなった）動物の情報を先に伝えないこと。種類や性別、具体的な悩みなどを自分から口にせず、コミュニケーター側に伝わってきた情報を教えてもらってください。本当に霊能力があってコミュニケーションがとれるなら、この「シッティング」形式がとれるはずです。あなたは、提示された情報と事実を照合すればいいのです。

例えば、ケージに入るのが苦手なわけを知りたい場合、ただ理由を尋ねてもらうだけではなく、「失敗しないように」と伝えてもらいましょう。それで劇的に状況が改善するなら、本当に能力があるというエビデンスになります。そこで、状況がまったく変わらず、「この子は、家の中にいるのにどうして〝ハウス〟しないといけないの？　と言っている」などともっともらしく言ってくるだけなら、コミュニケーションをとれていない可能性が……。ある人は、「ペットの死後、分骨したら、生まれ変わったときに身が欠ける」と言われたとか。スピリチュアリズムを学んでいれば、これがいかにトンデモ発言かはわかると思います。その論理でいくなら、海にはおかしらだけのサンマ、切り身で泳ぐタイがいることになってしまいますから。いかにもなことを言われたら、絶対信じないことです。

「これがあれば、亡くなった○○ちゃんが見守ってくれます」などと物を売り付ける人にも用心を。「遠隔ヒーリングをするから」と法外な追加料金を請求する場合も疑ったほうが賢明です。実際、偽アニマルコミュニケーターから勧められた治療方針に従ってペットが亡くなったケースもあるようですから、慎重に対処してください。治療中の病気がある場合は獣医師の意見を聞くことが大事ですし、病気が疑わしいときは、まず病院で診察を受けるなど、現実的な対応を。

いずれにしても、動物とコミュニケーションを本気でとりたいと思うなら、飼い主が自分でコンタクトをとるのが一番です。飼い主の愛情に勝るものはないからです。

私が動物たちの声を聴くときは、彼らから伝わってくる思念を〝通訳〟しているような感覚に近いかもしれません。本当に伝えたいことがあるときは、動物のほうからメッセージを送ってきますが、亡くなった人たちに比べれば、シンプルなことしか伝わってきません。最初にも触れたように、動物たちには現世への執着がないためです。ある公演でも、お客様が飼っていた亡くなった犬が近くにいて、「豚の耳が好きだった」というメッセージを送ってきました。こうした食べ物の思い出だとか、遊んでくれて嬉しかったというような無邪気な話を伝えてくるケースがほとんど。「飼い主が構いすぎで、ちょっと鬱陶しかった」といった内容だったこともありますが、基本的にそれほど複雑なことを伝えてくるわけではないのです。

動物たちは、向こうから伝えたいことがあるとき、わかるようにメッセージを伝えてきます。もしその意味がわからなかったり、しっくりこなかったりしたときは、自分の中の小我に気づいて。自分を慰めたい思いがあったり、「こうであってほしい」という願望を持ったりすると、ペットの声を正しく聴けません。

ダウジングで
コミュニケーションをとる

ダウジングは一種の〝交霊術〟

ダウジングは、ペンデュラムなどの器具を使って行うコンタクト法です。もともと水脈探しなどに使われていました。V字形やL字形の木の枝を持って歩くと、水脈があるところでその枝が動き、反応するという原理です。洋の東西を問わず、古くから用いられていたという文献があり、日本では弘法大師・空海が杖で地を突いて、湧き水や温泉が出たという逸話が残っているそうです。大我と巡り合うきっかけとなった取材で、空海が開いた聖地・高野山も訪れましたが、空海が類まれな霊能力の持ち主だったことを改めて実感しています。ですから、空海がダウジングを行って水脈探しをしていたとしても、至極納得です。

ダウジングは一種の〝交霊術〟。高度なテクニックを必要とはしませんから、初心者でもできるスピリチュアルなコンタクト法と言えます。ただ、たましいとコンタクトをとるのですから、遊び半分で挑んではいけません。注意事項を頭に入れ、「本当に知りたいこと」があるときにだけ使うようにしましょう。小我な質問は厳禁です。

ダウジングの注意事項とやり方

【注意事項】

●興味本位でやらない

ペットのたましいに尋ねるのですから、決して「興味本位でしないこと」が大前提です。また、やる側の波長が下がっていると、低級霊を引き寄せてしまう可能性があります。ですので、ダウジングをすること自体に恐怖感が湧くときや体調がすぐれないとき、また、気分が落ち着かないときは、行わないでください。

●1日1回、30分以内に留める

ダウジングをするには、集中力が必要。ですから、聞きたいことがたくさんあっても、1日1回（1つのテーマ）に留めましょう。集中力が途切れない時間という意味で、「30分以内」と決めておくといいでしょう。やりすぎは依存です。

【やり方】

STEP1 精神統一をする

ペンデュラムを用意して、始めます。まずはダウジングを行う前に精神統一を。心身の波長を下げないようにするため、リラックスできる空間で心を落ち着けて。心身を清めるという意味で、精神統一の前に入浴を済ませておいても構いません。

STEP2 名前を唱える

ペンデュラムを持ち、ペットの名前を3回唱えます。ダウジングを通して、ペットのたましいに尋ねるので、名前を呼びかけることがポイントになります。そして、「○○（名前）が、私に伝えたいことがあるなら、教えてください。どのような結果が出ても、受け入れ、乗り越えます」と、誓いましょう。

STEP3 ペットのたましいに尋ねる

「ダウジングをしてもいいですか」と声に出し、ペットのたましいに尋ねます。ペンデュラムを図（83ページ）のように持ち、「YESなら右回り、NOなら左回りで教えてください」と声に出します。ペンデュラムが自然に左右どちらかに振れるか、回るかをチェックし、YES（自分から見て時計回り）が出た場合のみ、次のステップに移ります。動かない、またはNO（自分から見て反時計回り）と出た場合は「今は知る必要がない」という答えだと受け止め、ここでストップを。

STEP4 ペットのたましいと対話する

質問したいことを声に出して、ペットとの「たましいの対話」を始めましょう。次ページのモデルケースを参考に、自分で質問を絞り込んでいってください。ダウジングは、ペットのたましいとのコミュニケーションです。質問を深めていくことができないときは、そもそものテーマについての事前の内観や、ペットとの対話が不十分なのです。ダウジングを行うにしても、日頃からペットに目を向けていなければ、思いは伝わってきません。

STEP5 感謝の気持ちを伝える

ダウジングで、質問したことの答えが出たら、ペットのたましいに「教えてくれてありがとう」と感謝の気持ちを伝えてください。何より大事なのは、答えが出ればそれでおしまいではないと知ること。導かれた答えを参考にして、問題解決のために、日常のコミュニケーションをさらに深めていくことが欠かせません。

ダウジングの例

最近、留守中によくトイレの失敗をします。
理由を尋ねてもいいですか？

▼

「YES」と出た場合、さらに質問を続ける。

▼

「何か嫌なことがあるの？」

▼

「YES」

▼

「トイレの場所が嫌なの？」

▼

「NO」

▼

「留守番が寂しくて、不安なの？」

▼

「YES」

※コミュニケーション・カードと
併用することもできます。一例ですが、
「大丈夫！」のカードが出た場合、
その理由が肯定と否定どちらの大丈夫かを
知るため、ダウジングを使っても。
「肯定」なら右に回り、「否定」なら
左に回ります。

3章
ペットとの暮らし
ーしつけ、性、食、才能ー

しつけに必要なのは「信頼関係」を築く努力

動物と共に暮らすうえで、「しつけ」は必要になります。単独で狩りをする猫とは違い、特に、犬は群れで暮らす動物。その群れのリーダーに従うという本能があるため、飼い主がきちんとリーダーシップをとってしつけをしたほうが、安心します。改正動物愛護管理法が成立したことで、生後56日以下の犬猫の販売を原則禁ずる規制ができましたが、これには「あまり早くに親元から離さない」という目的もあるのでしょう。本来赤ちゃんは、親とじゃれ合う中で「噛む力加減」を知っていくもの。あまりに早く親元から離しすぎると、こうした加減を覚えられなくなってしまいます。人間のもとに来ていざ「しつけ」という段になって、いつまでも噛みぐせが直らず、困るケースも多いようです。

しつけでは、〝声〟が重要な要素になります。例えば、何かしてはいけないことをして注意をするとき、わが家では低い声で「ノー」と口にします。音にもたましいが宿りますから、「してはいけない」という思いを乗せて伝えてください。陥りがちな間違いは、名前を呼んで叱ること。「名前を呼ばれる＝叱られる」と刷り込まれてしまうと、名前を呼ばれることを嬉しく感じなくなってしまいます。

逆に、褒めるときには、大げさなくらい感情表現を豊かに。このときは名前を呼んでＯＫです。喜怒哀楽を表すのが苦手な現代人が多いですが、しつけにおいては、声の出し方や表現ひとつとっても、メリハリをつけてください。ただ、口だけにならないようにすることも大事。横着な飼い主は、動物のほうを向きもせず、言葉だけで「ダメ」と口にしがち。でも、これはただの号令。子育てでもしてしまいがちなのですが、口だけの号令とコミュニケーションは別物です。

また、叱るときは、問題が起きて〝すぐ〟がポイント。瞬時に「ノー」と伝えるため、短く舌打ちをして音を出す方法もあります。ビクッとするかもしれませんが、そのほうがハッとして「ダメなことなんだ」と気づきます。後になって「あのとき、どうしてあんなことをしたの！」と怒っても伝わりません。

時代の流れもあるのか、最近はやさしくしつける方法が人気だと、取材で知りました。もちろん虐待はいけません。ただ、子育てと同じで、感情的にあたるのではない「理性的な叱るしつけ」は、ある程度必要だと私は考えています。ご褒美をあげてしつけると、それをもらわないとやらない子になるという意見もあるようで、このさじ加減はとても難しいところです。理想を言えば、飼い主とペットの間に信頼感が生まれ、自然と従う形にもっていけるのがベスト。そのためには、遊んだり散歩したりして、日々〝信頼関係〟を築く努力が必要です。

また、動物たちに「自分で考えさせる習慣」をつけることも大事。大我も、ドアの前では必ずお座りするようにしつけています。これは散歩に出る際など、急に道に飛び出してしまわないよう、安全を考えてのこと。でも、まだトレーニング中なので、し忘れていると、私がアイコンタクトをとって「どうするのかな？」と伝えます。すると、ハッ！　と思い出してきちんと座っています。

しつけは「一度覚えたら完璧」ではありません。先代のヴォーチェがそうでしたが、散歩をさせる人が変わると、信号の手前で座るという決まり事を忘れていました。私が散歩に行って同じことをしたときには、決まり事を思い出すよう、目を見て、考えさせました。〝教え直し〟は、その都度有効です。「うちはもう高齢だからいいや」などとあきらめる人もいますが、根気は必要なれど、できないわけではありません。しつけは一生涯。そのくらい責任感を持って向き合っていく姿勢が、人との共生、そして何より動物の霊性向上のためには必要なのです。

時々、犬が人を噛んでケガを負わせたというニュースが話題になることがありますが、しつけが不十分で、噛んではいけないと教えていないことが原因という場合も。それでもし犬が殺処分されることになったら、「教えなかった人間が一番悪い」のです。社会の中で生きるために、ルールを教えること。それは動物たちのたましいの成長を見守るうえで、絶対欠かすことができない義務です。

去勢や避妊について
最善の道を考える

ペットと「性」の問題で飼い主がまず迷うのは、去勢や避妊のことでしょう。スピリチュアルな視点で言えば、どんな動物も自然に生まれ、自然に死んでいくというのが一番の理想。つまり、本来ならばしないほうがよいのです。

ただ、ここからが難しい問題で、人と動物が共生していくためには、やむをえない側面もあるということ。「郷に入れば郷に従え」なのです。例えば、外猫の場合、去勢や避妊手術を受けないままだと、子どもがどんどん生まれてしまいかねません。面倒を見る人がいない限り、それは不幸の連鎖を生むことにもなってしまいます。実際、こうして増えた猫に引き取り手がないと、殺処分されてしまうことも……。長い目で見て動物たちの命を守ることにつながるのなら、去勢や避妊手術を受けるという選択をしても、その動機を否定はできません。

そもそも性別は「宿命」で、変えることはできないもの。人間の場合は、それぞれの性に生まれる学びがありますが、動物においては、そこまで厳密なものがあるわけではありません。犬なら、オスのほうが甘えん坊で、メスはあまりべったりしないなど多少の差は出ますが、それも個性の違いの範疇でしょう。

もちろん、子育てをすることで霊性が上がることもあります。長野県の地獄谷温泉に、かつて「モズ」というニホンザルがいました。生まれつき四肢の先が欠損していましたが、そのハンディキャップをものともせず、他のサルと同じように子どもを産み、育てました。こういう話を聞くと、「モズ」には母性だけではなく、霊性の高さも備わっていたのだと感じずにはいられません。

霊性を高め、やがて人霊になることを目指す動物たちにとって、去勢や避妊をすることは進化の遅れにつながるのでは？　という疑問も湧くはず。最初に〝難しい問題〟と言ったのは、こういう複雑さをどう考えるのかという点にあります。人間との共生を優先させるか、それとも自然に任せるのか。どちらが幸せなのかを考えることもまた、「動物の命と向き合う」うえでの学びと言えるかもしれません。

「子どもを育てるつもりがないから」など、飼い主側の一方的な都合で去勢や避妊をするのと、将来罹りうる病気の予防までを考えたうえで手術を選択するのでは、まったく動機が違います。前者は小我、後者は大我の思いがあるもの。こういうふうに、大我か小我かで考えて、決断するのもひとつでしょう。

手術を受けない場合は、発情期のストレスなど、身体への負担もあるかもしれません。ただこれも人間とは違って、なまめかしい欲を伴うようなものではないでしょう。あくまで本能的なもの。発情期も限られますから、その期間をどう見守ってあげるのがいいか、動物の生理をきちんと調べ、対応しましょう。

ちなみに、わが家の大我は、自然に任せることに決めています。紀州犬は天然記念物に指定されている希少な犬種ということもあり、こうした日本犬は、種の保存という観点から、去勢や避妊を行わないことが多いのです。これから彼の個性を見ながらではありますが、いつかは〝お嫁さん〟を迎えてあげたいと思っています。

私が育てる犬は大我で4頭目になるのですが、もしそれが実現すれば今回が初めての経験となります。よく「家は3軒建ててようやくわかる」と言われるのですが、犬を育てるという経験もこれに似ていると感じる瞬間があります。私自身も経験を重ねながら気づくことが多いのです。それこそしつけなども、過去に失敗したことを教訓に、何が一番この子に合うか考えながら、向き合っています。

飼い主も経験を積みながら成長していくもの。まさに、動物育ては、「人間育て」です。動物を育てる経験を通して、人間力やコミュニケーション力を身につけていくのです。去勢や避妊など、性にまつわる問題に限らず、その子に一番合った形が何かを考え、「わが家の答え」を見つけ出していくのが一番。動物ともコミュニケーションをとりながら、最善の決断をしていきましょう。

動物にとっても
「食べることは生きること」

ペットが口にする食べ物も、随分と様変わりしたように感じます。テレビコマーシャルにはかわいい犬や猫が登場し、「おいしいエサ」に夢中な様子が流れています。もっとも、例えば犬の場合、基本は雑食。タマネギやチョコレートなど、与えることで命に関わるものは別として、比較的何でも口にするものです。それこそ昔は〝ねこまんま〟など、人の食べた残り物をあげることも珍しくありませんでした。塩分が動物にはよくないといった知識が浸透していなかったのでしょう。ペットの食にどこまでこだわるかは、価値観が分かれるところ。そこで、本当に安全なものをと思うと、自ずと選択肢も限られてきます。

取材で訪れた手作りごはん専門店では、驚きの事実をたくさんうかがいました。一般に流通しているフードの多くは、人が食べられるグレードの材料を使って作られていない、と知ったのです。〝新鮮食材を使用〟と書かれていても、添加物で栄養素を補っているだけだったり、死骸が使われたりもすることもあるのだそうです。しかも、現状では、規制も緩いとのことでした。

私は最近、添加物はもとより、遺伝子組換えやゲノム編集など、食の安全について危機感を抱いています。拙著『あなたが危ない！――不幸から逃げろ！』や『開運健康術』の中でも言及しましたが、私たちは相当〝毒〟を口にしています。人間の食べるものの食品表示を見ても、例えば「ビタミン」と書いてあると一見身体に良さそうに思えますが、実は酸化防止剤などの添加物。これと同じで、ペットが口にする食べ物の表示も、鵜呑《うの》みにしてはいけないのだと学びました。

いまや人間の世界では「2人に1人ががんに罹る時代」とも言われていますが、食べ物や添加物との因果関係に言及する研究者も大勢います。古代ギリシャの医師ヒポクラテスは「食べ物で治せない病気は、医者でも治せない」という言葉を残していますが、まさに「医食同源」の考え方です。人間も動物も、健康を意識するならば、〝毒〟を身体に入れず、安全な素材のものを口にすることが大切だと思います。

共生する以上、動物たちにエサを与えるのは人間の役目。つまり、何をどう食べさせるのかを選ぶのは、飼い主です。ただ、身体にはよくないかも……と感じてはいても、「ハイグレードのフードは値段が高いから、毎日は続けられない」という人もいるでしょう。あるいは、闘病中で、獣医から指導された制限食しか食べられない子もいるかもしれません。結局のところ、個人個人で状況が違いますから、ペットのことを考えて、何がいいのか、責任主体で選択するしかありません。フードについて、飼い主のほうで調べ、勉強したうえで、「どちらにするか」迷ったときには、コミュニケーション・カードやダウジングを補助的に用い、ペットに聞いてみてもいいでしょう。

こうした安全面への配慮から、手作りごはんを与えているおうちも増えているそうですが、その場合、一番困るのは災害時。避難所ではペットのためにごはんを作る余裕はまずないでしょう。となると、「もしものとき」を想定して、時にはドライフードを食べさせ、違う食事に慣れさせてあげる必要も出てくるかもしれません。「これしかダメ」と限定してしまうと、災害時は本当に大変です。もちろん、ものすごくお腹がすけば何でも口にするとは思いますが、前もって、いくつかのフードを食べさせてみるなど、備えておくことも必要でしょう。

動物たちにとっては、食べることは楽しみのひとつ。そして、それこそ死期が近づくと食べなくなるなど、命の営みとも直結しています。亡くなったペットにコンタクトをとると、好きだった食べ物を伝えてくることもあります。そのくらい、思い出に残っているのでしょう。「食べることは生きること、生きることは食べること」。ですから、食事タイムが幸せな時間となるよう、ぜひいろいろな工夫をしてあげてください。

動物の才能を求めすぎるのは「人間の欲」

ペットが特技を披露してSNSで話題になったりするのを見ると、「うちの子にも何か特別な才能があったらいいのに」と欲張ってしまうかもしれません。確かに、どんな動物でもその個体ごとに才能や能力は違います。わが家で最初に飼ったゴールデン・レトリーバーは、新聞をくわえ、「はい、お父さんに」と家族が指示をすると、ちゃんと私のところに持ってきてくれました。でも、こういう特技は、動物たちからすれば「ゲーム感覚」で遊んでいるに過ぎません。「人に自慢できるようなことがないとつまらない」とか「何かに秀でていたほうが幸せ」と思うのだとしたら、〝動物を育てる意味〟を基本からもう一度おさらいしてください。共に過ごすのは、霊性を高めるのが目的のはずです。特別なことなんてできなくても、別に何の不自由もありません。日々の中で一緒に喜怒哀楽を味わえれば、それだけで十分ではありませんか？　寄り添い、助け合い、愛情を与え合う。そのこと以上に何を求めるというのでしょう。

最近は人間の子育てでも、こういうふうに「求めすぎ」の傾向があります。習い事をさせてあげ、「将来のために」などと親は言いますが、本当にしたいことがあれば、子どもはいつからでも〝自分で〟始めます。親の期待や価値観を押し付けるのは、とんだ迷惑。これは「動物（ペット）」対「人」にも当てはまります。

Q 動物のクローンはスピリチュアルの観点から見てどうですか？

A 私は、クローンで動物を作ることには反対です。ただ、霊的世界がその存在を認めていないなら、そもそもクローン動物は誕生していません。クローンができたということは、この進化は「あり」だということ。だからといって、それが「正しい」というわけではありません。私たちは霊的世界のあやつり人形ではないのですから、「クローンを作らない」という選択も可能なのです。

たとえ飼い犬にそっくりそのままのクローンを作ったとしても、そこに宿る「たましい」はもとの犬とは別です。どんなに姿形が同じでも、別のたましいがその肉体に入るのです。たとえるなら、もともといた犬の〝子ども〟が来るようなもの。見た目は似ていても、性格や個性は違います。亡くなったペットが忘れられず、「クローンがほしい」と考える人は増えるかもしれません。でも、本当にその子を愛していて、かつ動物を愛する人ならば、「そっくりそのままのクローン」を作るより、保護犬や保護猫などを引き取って育てていくことを選ぶのではないかと思います。まったく同じ子がいいというのは、エゴでしかありません。

Q 犬にとって、義足や車椅子を使うのは嫌ではないのでしょうか?

A 犬種にもよるとは思いますが、基本的に、犬にとっての喜びは、食べることと散歩。外に出て用を足すだけではなく、散歩をして、他の犬の匂いだとか、人間や他の生き物の匂いを嗅ぐことが楽しいのです。

私が最初に飼ったゴールデン・レトリーバーのサンタは、がんに罹り、歩くことができなくなっていましたが、それでも散歩に行きたいという気持ちが強かったので、歩行補助をするハーネスを胴につけて歩いていました。

散歩が犬にとっての喜びである以上、道具を用いて補助してあげるのはよいことだと思います。

4章
やがて来る
ペットとの別れについて

浄化の足を
引っ張らないために

やがて訪れるペットとの「別れ」。そのときが近づくと、飼い主は、さまざまな判断を求められるでしょう。スピリチュアリズムの見地からすると、自然に死んでいくのが、動物たちにとっての〝理想の最期〟です。

例えば延命治療という問題ひとつとっても、家族で意見が分かれるかもしれません。延命を「私たちのために一日でも長生きして！」と願って選択したとしたら、果たして〝自然〟なことでしょうか？　動物たちは死をまったく恐れてはいないのですから、その決断は飼い主の小我ではないか、よく考えてください。

助かる見込みがなく、予後を考えると、苦しみが大きいと診断された場合、安楽死という選択肢を考える飼い主もいるでしょう。私は「人の安楽死」は〝命のお残し〟であり、一種の自殺だと考えていますから、反対です。ただ、動物の場合、やむをえない面も……。例えば、馬は脚１本でも骨折すると、体重を支えられず血行不良になり、食べ物も受け付けなくなって衰弱死します。苦痛は避けられませんから、動物のことを考えて、安楽死の措置がとられるのです。

こうした場面に直面したとき、決断の決め手となるのは「動機」です。誰のためなのかを内観しましょう。ただ、どういう旅立ち方であっても、動物たちはさまよわず〝たましいの故郷〟に帰りますから、その点は心配無用です。

弔い～ペットロスの乗り越え方～

最近はペットの葬儀を行う人も増えましたが、弔いに関しては「周りに迷惑をかけないこと」が最も大事。庭にお骨を埋葬して土に還すつもりが、引っ越すことになって大慌て！　なんてことになったら大変です。そこにペットのたましいがいるわけではありませんが、他の人が困らない弔いをするのが大前提です。

動物たちはこの世に執着を残しませんが、飼い主がいつまでも悲しみに暮れ、立ち上がれないでいると、浄化の足を引っ張ってしまうことも。心のけじめをつけるために、ケージや食器など、使っていたものを片付けましょう。好きなものをお供えするのも、最初のうちだけにするなど、切り替えは必要です。

死の受け止め方には個人差があり、ペットロスに陥る人もいます。「もっとできることがあったのでは」と自責の念にかられたりもするでしょう。ただ、霊的真理を理解していれば、死が永遠の別れではないとわかるはず。いつまでも涙に暮れるのは「あの世を信じない人」です。「夢でもいいから会いたいのに出てきてくれない」と嘆く人もいます。でも、これは、再会することで悲しみを助長させてはいけないから、夢に現れないだけ。あなたを思いやってのことなのです。

「再会」といえば、今は亡き愛犬・サンタとヴォーチェは、死後、私の近くに来ていました。「ドテッ」と横たわる音が聴こえたのです。ただ、人間のように現世に執着しませんから、いくら愛着があってもそれほど長くは留まりません。こういうふうに、ふと気配を感じたときは、そばに来ている可能性があります。

巷ではよく、ペットが亡くなると、〝虹の橋を渡った〟と言われるそうですが、スピリチュアルな視点で見ると、そういった〝場所〟が明確にあるわけではありません。ただ、あの世は想念の世界ですから、〝虹がかかった場所に行く〟と思えば、そう見えはするでしょう。あくまでも心象風景なのです。ただ、「〝虹の橋〟でうちの子が元気にしている」と信じることが、グリーフケアになっているなら、それもひとつの乗り越え方なのかもしれません。

悲しみも後悔もそれだけ深く愛していた証し。家族の一員だったのだから、寂しいのは当然です。でも、泣き続けるのは小我。顔を上げましょう。コミュニケーションをとりながら共に過ごせた時間があったこと、その大切な思い出を胸に抱いて、やがてあの世で再会する日まで、自分の人生を精一杯生き抜いてください。彼らに心配をかけない生き方をすることこそが、一番の供養なのですから。

正しい知識で
ペットの健康を守る

対談●天野芳二（アマノ動物病院 院長）

まだ浅い、獣医療の歴史

――ペットの病気や治療法の変遷、看取りの最新事情について、アマノ動物病院院長・天野芳二先生にお聞きしました。

江原　こちらの病院は開院されて何年になられるのですか？

天野　先代の院長が１９７０年に開業しましたので、50年です。

江原　そうですか。今回さまざまな取材をして、共通するのは、ここ20～30年くらいの動物に対する意識の変化です。昔は、犬を川に捨てるなんていうこともあったと聞きますが、先生は獣医師の立場として、動物を取り巻く環境の変化をどうお感じになりますか？

天野　これは世界共通だと思うのですが、文化度と動物愛護意識は比例すると言われています。そもそも日本では、獣医というのは「軍馬」を診るもので、そこから始まりました。終戦後軍馬がいなくなり、その後は畜産の牛か豚を診る先生が増えてきたのです。当時、小動物を診ていた先生はわずかでした。

江原　そう考えると、犬や猫など、家庭で飼われる動物たちの獣医療は、まだ歴史が浅いのですね。

天野　20～30年前の日本と今の中国は似ているかもしれません。今は中国もペットブームですが、獣医学部ができたのはつい最近。それまでは「獣医」と言ったもの勝ちみたいなところがあったようです。

江原　え～っ！　とすると、中国で「動物愛護」に関心が向かうのはまだ先になりそうですね。日本ではようやく「生体販売をしない」という動きが出てきたところですよね。天野先生が「これは繁殖が原因で異常が起きているな」と感じるのはどのくらいですか？

天野　5％いるか、いないかですね。犬はだいたい種が固まってきていますが、猫は繁殖によって、今までいなかったような種が一気に増えてきています。例えば、スコティッシュ・フォールド。折れた耳はそもそも「軟骨の形成異常」が原因。奇形だったものを人気が出たため繁殖によって固定化したのです。

江原　無理な繁殖によって、病気になることはないんですか？

天野　あります。普通は年をとってから出る関節炎が早くに出たり。

江原　先生も、新たな種が出てくるたびに勉強していかなくてはいけないから、大変ですね。

天野　20年くらい前はまだスコティッシュ・フォールドが珍しかったので、軟骨の異常が四肢にも現れるとわからず、「どうしてこんなに足が腫れているのか」とレントゲンを撮って、骨を削った先生もいたそうです。今なら、異常を発症した場合はグルコサミンなどで痛みを緩和する治療をします。

江原　時代の流行に合わせて増やされた種によって、特有の病気が出てしまうこともあるのですね。

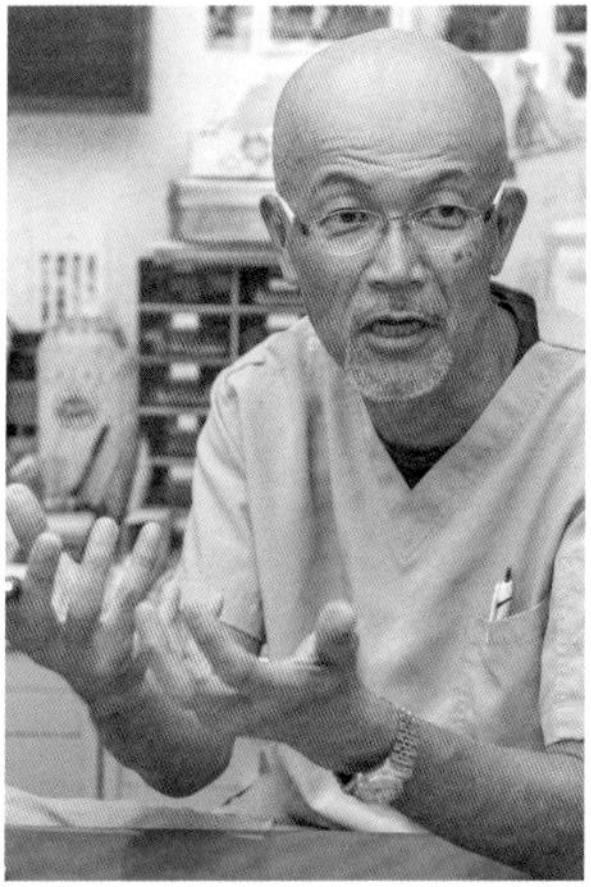

「無理な繁殖や新たな種の誕生で病気が出ることもあります」

課題が多いマイクロチップ

江原 時代と共に変わるということで言うと、マイクロチップを埋め込む依頼は増えていますか？

天野 東日本大震災の後には増えました。また、改正動物愛護管理法で、販売業者はマイクロチップを入れることが義務付けられます（マイクロチップを埋め込むための注射器を見せながら）。

江原 ずいぶん小さいのですね。これはどこに入れるのですか？

天野 首の後ろに入れます。

江原 ところで、マイクロチップは、登録団体がいくつかに分かれていると聞いたのですが……。

天野 日本獣医師会がやっているところの他に2団体があります。今回法律が通るときに、日本獣医師会がやっているところが一番登録者数も多いので、他の2団体に「ひとつにしましょう」と相談したようですが、進展はありませんでした。登録1件につき1050円などの登録料がもらえるので……。

江原　「利権問題」なんですね。

天野　動物病院では日本獣医師会がやっている団体のものしか調べられません。この間、100キロメートルも離れたところに行ってしまっていた猫が、マイクロチップが埋まっていたことで飼い主さんのもとに帰れたというケースがあったそうです。しかし、団体が複数に分かれていると、データが統一されていないために見つからないこともあるので、法律が施行されるまでの間にどこまで進んでいくか……。また、マイクロチップに入っているのは飼い主さんの個人情報なので、取り扱いの問題もあります。

江原　保護犬を迎えるときは、どうなるのですか？

天野　譲渡されたものなのか、盗まれたものなのかという問題もあるので、基本的に、もとの番号で登録し直すときは、前の飼い主さんの許可が必要になるんです。ただ、マイクロチップが埋められていても、団体に登録していない場合は、飼い主さんの情報とは紐づいていません。データを読み取る機械に通しても、数字の羅列が出るだけです。

江原　それでは困りますね……。マイクロチップもまだまだ課題が多いということなのですね。

ペットの高齢化で増える問題

江原　ところで、飼い主さんに多いお悩みには、どんなものがありますか？

天野　最期をどうしようかということですね。どういうふうにしてあげるのがいいのか、と。例えば、猫だと腎臓病が多いのですが、人間のように人工透析はできないので、脱水しないようにする点滴をします。おしっこを出すことで、血液中の尿素を下げるのです。

江原　腎臓病の猫が増えたのは、フードが原因ですか？

天野　いえ、人間と同様、長寿になったために、臓器がもたないのです。

江原　それだけ、高齢の動物が多くなったのですね。当然高齢になったがための病気も出てきますね。

天野　例えば、僧帽弁閉鎖不全症という心臓の病気にも罹りやすくなります。心臓の中の「心室」を区切っている僧帽弁が完全に閉まらなくなり、血液が逆流し、進行すると肺水腫を併発します。

江原　うちのラブラドール・レトリーバーも晩年心臓が悪く、何が起きてもおかしくない状態でしたが、亡くなる日の朝までは元気に散歩に行けていたんです。

天野　そうですか。高齢化することで増える病気もある一方、フィラリアの予防ができるようになったことで、犬も猫もかなり長寿になりました。あとは、外飼いの動物が減ったので、「猫が車に轢《ひ》かれた」と運び込まれるケースも減った。今日僕が往診に行く猫は23歳。腎臓が悪くなって、点滴に行きます。

江原　往診もなさっているのですね。高齢な動物だけですか？

天野　それもありますし、動物の体重が20キログラムもあり、重くて連れて来られないとか、さまざまです。

「東京で暮らす犬の平均寿命はこの40年で1・67倍に」

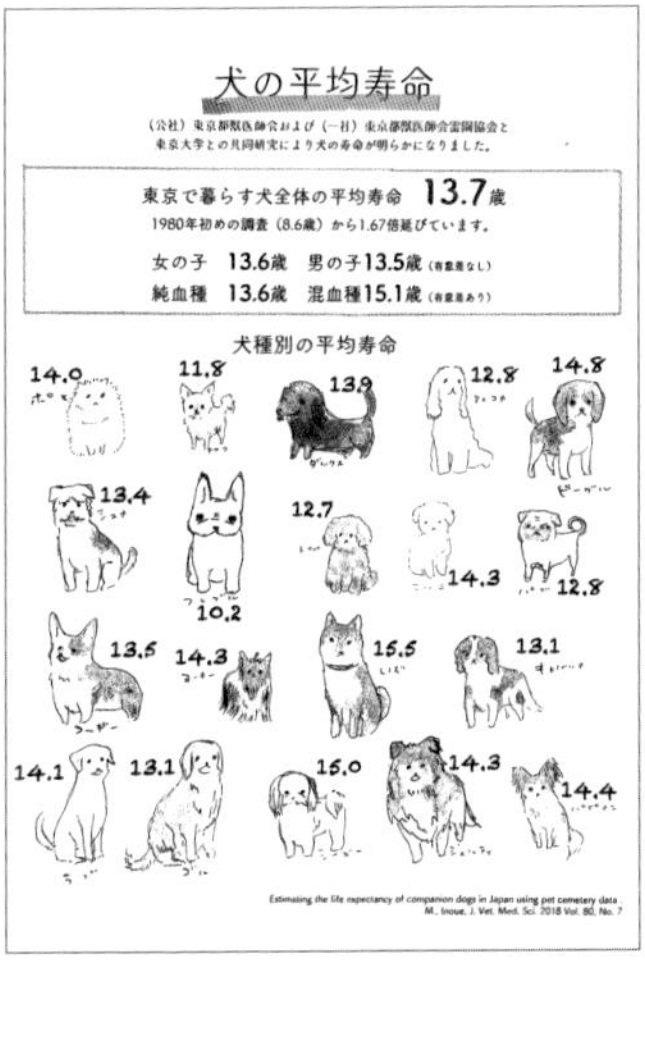
犬の平均寿命
（公社）東京都獣医師会および（一社）東京都獣医師会霊園協会と東京大学との共同研究により犬の寿命が明らかになりました。
東京で暮らす犬全体の平均寿命　13.7歳
1980年初めの調査（8.6歳）から1.67倍延びています。
女の子　13.6歳　男の子13.5歳（有意差なし）
純血種　13.6歳　混血種15.1歳（有意差あり）
犬種別の平均寿命
14.0
11.8
13.9
12.8
14.8
13.4
12.7
14.3
12.8
10.2
13.5
14.3
15.5
13.1
14.1
13.1
15.0
14.3
14.4
Estimating the life expectancy of companion dogs in Japan using pet cemetery data
M. Inoue, J. Vet. Med. Sci. 2018 Vol. 80, No. 7

安楽死について考える

江原 うちに最初にいたゴールデン・レトリーバーは、がんで半身不随になり、重くて大変でした。その子も頑張って生きてくれましたが、当時かかっていた獣医さんから「この子が苦しいだけですよ」と安楽死を勧められ、最期はその選択をしました。先生は、安楽死についてはどうお考えですか?

天野 自分から勧めることはありません。ただ、相談を受けることは多いです。治療が長引き、苦しんでいるのを見るうちに安楽死を考え始めるんです。

江原 私は医師に「動物はものを言えませんから。でも、苦しいですよ」と言われ、安楽死を選択するか葛藤しました。最終的に、そんなに苦しいのなら、と決断したのです。

天野 例えば、がんで痛みが出て苦しい場合もあれば、痛みはなくても食欲がなくなってしまうなど、動物たちの状態はさまざまです。

江原 確かに、だんだん食べなくなっていきますね。

天野 食欲があるかどうかは、見極めるひとつのポイントかもしれません。食欲があるのであれば、「生きよう」としているので、僕は安楽死の選択を止めます。

江原　「食べることは生きること、生きることは食べること」ですね。

天野　こちらも長年診ているので、「この子は安楽死を選択しなくても、もってあと2日くらいだろう」と思っていたら、その通りに亡くなったりします。安楽死という選択をしたことを、後々飼い主さんが引きずってしまうこともあるので、1～2日のことなら、「おうちで看てあげてください」と言います。

江原　私も、そのまま自然に看取ってあげればよかったかな。当時、先生のようにおっしゃってくださる方がいたら、それだけで心が落ち着いたと思います。

天野　飼い主さんは安楽死の決断をしたことを一生忘れられないと思うんですよ。日本人は民族的、宗教的にあまりしたがらないですが、外国では、治らない悪性のがんであるとわかったら、その日のうちに「安楽死させてください」と言う人もいるようですよ。

江原　ええっ！　その日のうちに。

天野　少しでも苦しい思いをさせないためなんでしょう。

江原　私は人間の安楽死には反対なのですが、動物については、飼い主の動機次第だと思っています。

分離不安症の原因は？

江原　ところで、話は変わりますが、外猫は耳の一部をカットして去勢や避妊手術済みかどうかを見分けるそうですね。さくらの花びらのように見えるので「さくらねこ」と言うのだと初めて知りました。カットするのは痛くはないのでしょうか？

天野　もちろん、耳とはいっても痛いので、避妊手術のときに麻酔が効いた状態でカットします。ただ、獣医師会の中でも賛否は分かれています。耳を見て、避妊手術済みの子であるとわかれば、再捕獲してしまうムダを省けるということのようですが……。

江原　なるほど。先生のところには保護犬や保護猫を迎えた方が診察に来られることもあるのですか？

天野　最近は多いですね。保護犬や保護猫は、最初はやっぱりフレンドリーではないので、時間をかけて診察し、嫌な思いをしないように、安心させてあげられるように気配りします。以前に虐待を受け、心に不安を抱えている場合も少なくありません。もっとも、保護犬・保護猫ではなくても、飼い主さんと離れるだけで落ち着かなくなる「分離不安症」の子もいますが。

江原　治療法はあるのですか？

天野　動物専用の安定剤的な薬を処方します。

江原　飼い主が過保護すぎるから、分離不安になるのでしょうか。

天野　そうですね。ワンちゃんをかわいがりすぎると、「行ってくるね」と飼い主が出かけるだけで不安になる子もいます。プードルなんかは人が大好きなので、特に。

「過保護すぎることも
分離不安症の
原因なのですね」

江原　そうすると、普段あまり家にいない人が飼うのは難しいですね。

天野　いえいえ。普段から飼い主さんと離れて「分離」しているほうが、逆に留守番慣れしていて大丈夫だったりするんですよ。

江原　なるほど！　最後に、天野先生がお考えになる「良い先生と出会うポイント」を教えてください。

天野　一番大切なのは、その先生と信頼関係を結べるかどうかだと思います。動物の病気や状態について、きちんと説明してくれる先生なのか。「原因、今の状態、予後」を理解できるように教えてもらうことが大切です。難しい専門用語で話すのではなく、飼い主さんの目線で話してくれる先生かどうかを見るのも、ポイントのひとつだと思います。

江原　ペットの健康を守るために、先生と信頼関係を築くことは、とても大切ですね。今日はありがとうございました。

「先生と信頼関係を築けるように、
コミュニケーションをとることも大切ですね」

おわりに

あなたのもとにやってきたペット。
宿命の縁で結ばれた
動物たちの一生を見届ける過程には、
さまざまな問題が
待ち受けているかもしれません。
ですが、そこで悩むのは、小我。
動物たちのことを想う大我があれば、
どんなことも乗り越えられます。
人と動物は、切磋琢磨しながら
生きるパートナー。
彼らの霊性を向上させることが、
人間の役目だということを
忘れてはいけません。
これからも大我を持って、
〝家族〟と良きコミュニケーションを！

江原啓之

取材先でたくさんの動物に出会いました。
この子は生後1ヵ月のバーニーズ・マウンテン・ドッグ、イブちゃん。
抱っこさせてもらうと、とても人懐っこく、人が大好きだということが伝わってきます。
愛をもって動物に接すれば、動物は愛を返してくれるのです。

 撮影◎中央公論新社写真部

コミュニケーション・カードの使い方

「コミュニケーション・カード」は、あなたと大切なペットをつなぐツールです。今、あなたのそばにいるペットはもちろん、天国に旅立ったペットにも使えます。

ただし、「こうであってほしい」と期待するなど、小我な念を込めてしまうと、動物たちからの声は届きません。愛するペットから、あなたに伝えたい思いがあるときは、きちんとあなたにわかるように伝えてきます。意味がわからないときやしっくりこないときは、あなたの中に小我がある可能性大。心をフラットにして使いましょう。

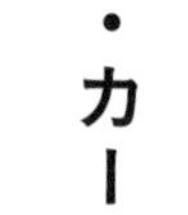

【始める前に】

●波長を下げないよう、リラックスできる空間で、心を落ち着けて行いましょう。

●まず、「コンタクトをとっていいですか?」とペットのたましいに尋ねます。78〜83ページで紹介しているダウジング、または「YES・NO」カードで確認を。「NO」が出たときは心の準備不足。別の機会に改めましょう。

●ペットにアイコンタクトをとってから始めてもOK。亡くなったペットの声を聴きたいときは、その子が好きだったものを1つ近くにおいて、コンタクトをとっても。

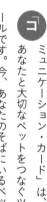

【やり方】

STEP1 カードの文字が見えないように裏返してシャッフルします。

STEP2 リラックスした状態で、ペットの名前を3回唱え、「気持ちを教えて」と伝えてください。その際、声に出しても構いません。

STEP3 コミュニケーション・カードを1枚引いてください。そこに書かれた言葉が、あなたに伝えたいメッセージです。

※2択で答えが導き出せるような内容であれば、YES・NOのカードのみを使うこともできます。その際は、ペットの名前を唱えた後、聞きたい内容を伝えましょう。

【読み解き方のヒント】

●「大丈夫!」のカードが出たけれど、肯定か否定かわからないときは、ダウジングで確定させるか、もう1枚カードを引いて、ペットの思いをさらに読み解いてもOK。

●基本的には、1枚引いて出た言葉が、もっともあなたに伝えたいメッセージ。その意味を解釈する補助として、さらにカードを引く場合も、カードに依存しすぎないことが大事。伝えたいことを読み解くには、想像力が必要です。

【終わったら】

●ペットのたましいに「声を聴かせてくれてありがとう」と、感謝の念を送りましょう。

『婦人公論』2020年1月4日号　増刊
『江原啓之が行く！　ペットとスピリチュアルに暮らす』の一部を再録しています

えはら ひろゆき

スピリチュアリスト、オペラ歌手。1964年東京都生まれ。

一般財団法人日本スピリチュアリズム協会代表理事。

吉備国際大学、九州保健福祉大学客員教授。1989年にスピリチュアリズム研究所を設立。

出版、講演活動などで活躍中。主な著書に『幸運を引きよせるスピリチュアルブック』『ペットはあなたのスピリチュアル・パートナー』『すべての災厄をはねのけるスピリチュアル・パワーブック』『あなたは「死に方」を決めている』『たましいの地図』『たましいの履歴書』『厄祓いの極意』、近著に『江原さん、こんなしんどい世の中で生きていくにはどうしたらいいですか？』『あなたが危ない！―― 不幸から逃げろ！』『開運健康術』など。

公式HP　https://www.ehara-hiroyuki.com
携帯サイト　http://ehara.tv/
＊現在、お手紙などによる相談はお受けしておりません。

ペットの気《き》持《も》ちがわかる
スピリチュアル・コミュニケーション

2020年3月31日　初版発行

著　者◆江《え》原《はら》啓之《ひろゆき》
発行人◆松田陽三
発行所◆中央公論新社
〒100-8152
東京都千代田区大手町1-7-1
電話　販売03・5299・1730
　　　編集03・5299・1740
URL　http://www.chuko.co.jp

印刷◆大日本印刷
製本◆大日本印刷

Published by CHUOKORON-SHINSHA, INC.
Printed in Japan　ISBN978-4-12-005293-4　C0095

忘れてないよ

また一緒に
遊ぼう

なぜ？

あなたの
味方だよ

大好きだよ

いつも一緒

仲良くね

出会えて
よかった

聞いて

泣きすぎないで

面白かったね

再会

もっと
話がしたい

いつも
想っているよ

あの匂い、
忘れられない

心配しないで

お話、
聞いているよ

ごめんね